VERLAG VON VEIT & COMP. IN LEIPZIG

Der

Stand unserer Kenntnisse vom fossilen Menschen.

Von

Dr. Wilhelm Branca,

o. ö. Professor für Geologie und Paläontologie an der Universität Berlin, Geheimer Bergrat.

Mit zahlreichen Abbildungen.

Lex. 8. 1910. geh. 2 *M* 50 *Pf*, geb. in Ganzleinen 3 *M* 50 *Pf*.

Grundriß der Hygiene

für Studierende und praktische Ärzte, Medizinal- und Verwaltungsbeamte.

Von

Dr. med. Carl Flügge,

o. ö. Professor und Direktor des hygienischen Instituts an der Universität Berlin.

Sechste, umgearbeitete und vermehrte Auflage.

Mit 193 Figuren im Text.

gr. 8. 1908. geh. 15 *M*, geb. in Ganzleinen 16 *M* 50 *Pf*.

Das Elektrokardiogramm

des gesunden und kranken Menschen.

Von

Prof. Dr. Friedrich Kraus und **Prof. Dr. Georg Nicolai**

Direktor — Assistent

der II. medizinischen Klinik (Berlin).

Mit zahlreichen zum Teil mehrfarbigen Figuren.

gr. 8. 1910. geh. 12 *M*; geb. in Ganzleinen 13 *M*.

Unsere Ziele für die Zukunft

Rede

zum Antritt des Rektorates der Königlichen Friedrich-Wilhelms-Universität in Berlin gehalten in der Aula am 15. Oktober 1910

von

Max Rubner

Leipzig
Verlag von Veit & Comp.
1910

Druck von Metzger & Wittig in Leipzig.

Hochansehnliche Versammlung!
Verehrte Kollegen!
Liebe Kommilitonen!

Herrliche Tage waren es, die wir verleben durften; aus allen Teilen der Welt hatte die Universität Berlin Gäste zu ihrem Jubeltag um sich versammelt, die Zeugnis für die Bedeutung, deren sich die Hochschule erfreut, ablegten, und zahllose frühere Kommilitonen haben in treuer Anhänglichkeit sich mit ihnen vereint. Die Festeswogen glätten sich; was war, wird zur Erinnerung; über das glanzvolle Bild ist der Vorhang gefallen. —

Unser Geist kehrt wieder zurück zur altgewohnten Arbeit; indem wir in weihevoller Stunde das neue Jahrhundert betreten, ist es naheliegend, unsrer Ziele zu gedenken. Man hat uns tausendfältig Glückwünsche auf den neuen Weg mitgegeben. Was aber kommen wird, wissen wir nicht: „Eh er geschaut, weissagt kein Mensch die Geschicke der Zukunft.“ Wir werden ihnen entschlossen entgegengehen, bereit, dafür zu sorgen, daß unser Schiff in allen Teilen fest gezimmert sei, daß Steuer und Kompaß in Ordnung sind, daß der Dampf die Kessel spannt, und in flotter Fahrt der Wirbel der Schraube die Wasser am Buge aufschäumen läßt.

Im Sinne einer solchen Arbeitsbereitschaft lassen Sie mich in kurzen Zügen daran erinnern, was unsere Ideale wollen, was an Bewährtem bleibt, und was sich neu gestalten muß. Es sorgt auch für die Zukunft, wer das Nächste ordnet.

Die Universitäten waren seit ihrem Bestehen die Stätten menschlichen Wissens gewesen, sie haben sich aber im Laufe der Jahrhunderte zu neuen Formen und Aufgaben durchgerungen. Berlin als eine der jüngeren Schwestern hatte den Vorzug, daß ihrer Alma mater die Ziele von Anfang an von bedeutenden Männern so gestellt wurden, daß sie heute noch, nach einem Jahrhundert, als eine Charakteristik der deutschen Universitäten im allgemeinen und als Grundpfeiler für unsere Zukunft gelten können. Wilhelm von Humboldt legt der Universität die doppelte Aufgabe, der Belehrung und Forschung zu dienen, bei; nach Fichte soll sie die frei errungene Bildung des Zeitalters der kommenden Generation übermitteln, und Schleiermacher nennt sie die nationale Gemeinschaft des Wissens.

Die Universität soll der Forschung dienen. Das Lebenselement der Forschung ist die begrenzungslose Freiheit im ganzen Gebiete menschlichen Wissens; ihr Schranken setzen, heißt, die Entwickelung des menschlichen Geistes hemmen; ihr wehren, Erkanntes zu verkünden, heißt, sie zur Unwahrheit verdammen.

Was die Natur im Experimente auf unsere Fragen antwortet, müssen wir hinnehmen, unbeirrt, wohin uns die Erkenntnis weiter führt. Was wahr und richtig ist, soll zum Baustein werden, der mit den andern hilft, ein Ganzes zu erschaffen. Es kann uns nicht bekümmern, ob das, was Wahrheit ist, der Menge unwahr scheint, und bäumte sich ein Volk dagegen, es wird sich beugen müssen.

Mit blindem fanatischen Haß hat man in früheren Jahrhunderten die aufkeimende Naturforschung verfolgt, epochemachenden Entdeckern kein Martyrium erspart; die Wahrheit hat trotz alledem gesiegt, und die Wissenschaft ist in freier Entfaltung zum Segen der Nationen geworden, hat deren Kultur gehoben, Volkswohlfahrt und Lebenshaltung zur Blüte gebracht, den Menschen zum Herrn der Natur gemacht.

Die Entwickelung aller Wissenschaften ist nur möglich, wenn die Gedanken frei bis in alle Konsequenzen, die das Gehirn eines Talentes oder

Genies zu produzieren erlaubt, durchdacht werden können. Diese Erkenntnis geht wieder auf andere Gehirne über, wird dort verarbeitet, geprobt und geprüft; so werden die fruchtbringenden Gedanken zur unerschöpflichen Quelle neuen Wissens.

Den Forschern soll nach dem Stiftungsgedanken unserer Universität auch das Lehramt anvertraut sein; es ist das Eigenart der deutschen Universität. Im Ausland kennt man diese Institution vielfach nicht, trennt Forscheramt und Lehramt und legt für den Universitätsunterricht das Hauptgewicht auf die Lehrkunst, auf Darstellung des Stoffes, Schönheit der Sprache. Wir wollen nicht bestreiten, daß die Lehrkunst und Wissen an sich auch ihre Bedeutung haben; aber es ist doch zweifellos, daß der produktive Forscher der kompilierenden Gelehrsamkeit gegenüber im akademischen Lehramt weit überlegen ist.

Der nicht produktive Gelehrte wird im üblichen Geleise des Berufes leicht rasten und rosten, zu Dogmatismus, Eigensinn und Rechthaberei neigen, wo der Forscher durch seine Arbeitsart sich geistig beweglich, frisch und jung erhält, stets Neues bilden und gestalten muß. Dem jugendlichen Geist der Schüler, bereit, Empfangenes umzuwerten und neu zu formen, wird die Lehre des Forschers näher stehen und nützlicher sein als das Dogmatische in bestem rhetorischen Schmuck.

Der Forscher will, wie Zeller sagt, belehren, nicht überreden. Er allein vermag im Hörer das Gefühl der lebendigen, der wachsenden und fortschreitenden Wissenschaft hervorzurufen; nur er vermag zu zeigen, wie die Beharrlichkeit über die Dissonanzen der Zweifel und Hindernisse hinweg zur Lösung führt. Der Fortschritt soll vor dem geistigen Auge des Hörers wiedererstehen; er soll ihn zu gleicher Tat begeistern, Talente wecken und den Schüler fern vom ausgetretenen Geleise des Geschäftsmäßigen auf ideale Höhen heben. In dieser starken Befruchtung des Geistes liegt der Hauptvorteil unserer Institution; sie gibt dem Hörer durch den Impuls, der fortschreitenden Wissenschaft treu zu bleiben, ein Erbe fürs Leben, durch den Appell an eine selbständige Tätigkeit des Geistes zur Prüfung des Lehrstoffes und zur Klärung des Irrtums eine Stählung des Geistes, sie zwingt durch die Ermunterung zu neuen Bahnen und neuer Arbeit zu einer Absage an den Dogmatismus jeglicher Art.

Der Forscher als Lehrer ist auch „nach Erfindung der Buchdruckerkunst kein Anachronismus“; er soll nicht nur Tatsachen bringen, sondern zeigen, wie sie gewonnen sind. So verfolgt das akademische

Lehren auch ethische Zwecke; es stählt den Geist, hebt ihn auf höhere Stufe, und indem es Liebe und Lust zur Arbeit weckt, reift es den Charakter und begeistert für das Edle und Gute. Für den Lehrenden selbst liegt nicht nur Befriedigung in diesem Ziele, sondern ein Gewinn an sich: *docendo discimus.*

Die Forschung hat einzig und allein das Ziel der Wahrheit und Erkenntnis und darf durch andre Gedanken nicht abgelenkt werden. Die Wissenschaft ist keine Kette, in der jedes Glied aus klingender Münze besteht; viel schmucklose Glieder folgen sich, ehe ein neues Juwel das staunende Auge der Masse auf sich lenkt. Sie soll voraussetzungslos sein in geistiger Beziehung, aber auch frei sein von materieller Tendenz. Der Laie bewertet in seinem nur auf die unmittelbaren Bedürfnisse des täglichen Lebens gerichteten Sinn die Wissenschaft anders; was sich nicht direkt benützen oder in Geldwert umsetzen läßt, scheint ihm minderwertig und zwecklos.

Sein Interesse erwacht erst in unmittelbarer Berührung mit einer ins praktische Leben einschneidenden Erfindung; seine Bewunderung gilt dem Entdecker. Für den Unterrichteten ist der Zusammenhang und die Bewertung meist völlig anders.

Er weiß, daß jede der Entdeckungen vorbereitende Untersuchungen, auf denen sie fußen konnte, nötig hatte, und daß die stille, wissenschaftliche Arbeit, die abseits der Kenntnis der großen Masse zwischen den Etappen glanzvoller Entdeckungen geleistet wird, ebenso wichtig ist für den Erfolg, als was die Welt umzuwälzen scheint. Der Forscher muß mit dem Gedanken arbeiten, seine Wissenschaft zu fördern, nicht aber mit dem Ehrgeiz, die Bewunderung der Welt zu ernten oder deren Schätze zu gewinnen. In diesem Sinne soll der Forscher erziehend auf die Jugend wirken. Die Universität soll unbekümmert um das Geräusch des täglichen Kampfes um glänzende Güter ein stilles Heim sein, in dem die Erkenntnis blüht und der Geist frei und rein sich entfaltet.

Man spricht so gern vom Hochmut der Wissenschaft; es gibt aber tatsächlich nichts, was bescheidener machen könnte als die Forschung, wo wir täglich auf Schwierigkeiten technischen Könnens stoßen, wo uns täglich die menschlichen Grenzen des Wissens vor Augen treten, wo nach arbeitsamem Leben auch das Genie sich sagen wird, die Menschheit nur um einen kurzen Schritt auf dem Wege der Erkenntnis vorwärts gebracht zu haben. Zu kühn und schrankenlos läßt meist nur der Gelehrte dem Gedankenflug die Zügel schießen, der, eigner Forschersorgen bar, aus fremdem Wissen seine Früchte pflückt.

Was wir verlangen, ist Achtung vor der Wissenschaft; ein Blick auf ihre Geschichte zeigt uns, wie groß der Fortschritt geworden ist, gibt uns zugleich die Zuversicht, daß auch unsere Arbeit zum Nutzen des großen Ganzen beitragen wird. Achtung kann die Wissenschaft fordern, weil sie der Inbegriff der geistigen Arbeit des ganzen Menschengeschlechtes ist, weil sie, die Trägerin und Hüterin der Geistesschätze fernster Zeiten, vor uns die Geschichte menschlichen Denkens und Geschehens aufrollt, uns die innere Schönheit der Natur und ihre Grundgesetze zeigt, über ihre Kräfte zu herrschen lehrt, Leben und Gesundheit schützt und uns vom Erdball bis zu fernsten Welten führt.

Die deutschen Universitäten können sich rühmen, daß mit wenigen Ausnahmen alle bedeutenden Forscher zugleich auch Lehrer der Jugend gewesen sind, und diesem Umstand verdanken wir ihr Blühen besonders in dem letzten Jahrhundert, die Erziehung der Nation zu rastlosem Fortschritt, die Stärke im internationalen Wettkampf.

Die Freiheit der Forschung muß mit der Freiheit des Lehrens verbunden sein. Da Forschung und Lehramt in einer Hand liegen, so richten sich die Angriffe auf die Forschung vor allem gegen die Universitäten. An solchen Angriffen hat es zu keiner Zeit gefehlt, und sie werden uns auch in Zukunft nicht erspart bleiben; es hat stets Kräfte gegeben, die dem menschlichen Geist die Fessel ihrer eigenen Beschränktheit auferlegen wollten.

Die Wissenschaft geht auf dem Wege der natürlichen Entwickelung weiter, sucht von dem Boden heutigen Wissens vorwärts zu dringen, streift alte Vorurteile ab und schreitet ihrer Zeit voraus. So muß es naturgemäß zu Dissonanzen mit dem zeitgenössischen Denken der großen Massen, ihren kulturellen Gewohnheiten, ihren politischen und religiösen Anschauungen kommen. Die Klagen über die Neuerungen, die Verwünschungen des Modernismus, heimliche und offene Anfeindungen wollen und werden kein Ende nehmen. Bisweilen schienen diese tiefgehenden Konflikte mit der Außenwelt den Bestand der Universität zu gefährden. Keine auch noch so brutale Gewalt kann aber auf die Dauer diese Unterdrückung erreichen; es wäre dies ja mit dem Untergang der ganzen Kultur verknüpft. Als man die Alexandrinische Bibliothek verbrannte, hat man wirklich wertvolle Errungenschaften der Geisteskultur und des menschlichen Fortschrittes mit vernichtet; es ist vielleicht im späteren Verlaufe in der geistigen Entwickelung bis heute nicht Alles an wissenschaftlichen Gedanken wieder erschienen, was früher erarbeitet worden war. Es gibt aber keine Macht, welche für immer den geistigen Fortschritt überhaupt hemmen könnte; denn diese Gewalten wären, weil sie des Fortschritts entbehren, selbst zum Untergang verdammt.

Heute ist wenigstens so viel ziemlich allgemein anerkannt, daß der geistige Fortschritt unabänderlich mit dem materiellen Fortschritt in der Machtstellung eines Volkes verknüpft ist. Je höher der Bildungsgrad der Allgemeinheit steigt, um so seltener werden die Inkongruenzen zwischen diesem und der Wissenschaft; je besser die Bildung des Volkes, mit desto größerer Schnelligkeit wird es neuen Ideen sich anbequemen, ihnen Vertrauen entgegenbringen. Die Brennpunkte der Konflikte beschränken sich mehr und mehr auf Fragen, die auf politische Anschauungen und das religiöse Leben übergreifen. Auch sie können nur auf geistigem Gebiete ausgefochten werden. Die Freiheit der Lehre zu wahren, muß unser lebhaftes Bestreben sein; sie muß aber auch von seiten der Staaten in eignem Interesse als unverletzliches Palladium betrachtet werden. Die Lehrfreiheit legt auch den Lehrenden Verpflichtungen auf, Selbstzucht, Vorsicht, Kritik. Der wahre Forscher wird die Grenzen seines Wissens strenge erwägen, das Feststehende von dem phantasievollen Fluge der Hypothesen scharf scheiden, im Vergleich mit dem Bestehenden die Ziele erwägen, die seinem Gedanken die Wege ebnen können. Es gibt aber für die Wissenschaft kein Zurückweichen vor der herrschenden Meinung und keinen Zweifel in der Wahl zwischen Opportunität und Wahrheit.

Der Staat vertraut der Universität die Ausbildung des größten Teiles seiner künftigen Beamten an. Diese Aufgabe beeinflußt natürlich in weitem Maße die Anordnung des Lehrstoffs, die Neuerrichtung von Professuren.

Im Laufe der Jahrzehnte hat der akademische Unterricht allmählich eine veränderte Gestalt angenommen; Gelehrte, die nur in Vorlesungen ihrer akademischen Aufgabe genügen können, sind immer seltener geworden. Zuerst hat sich in der Medizin und in der Naturwissenschaft das Bedürfnis herausgestellt, die Studierenden in den Methoden ihres Berufes zu schulen; es haben sich an die theoretischen und experimentellen Vorlesungen der klinische und Laboratoriumsunterricht angeschlossen. Die unmittelbare persönliche Einwirkung des Lehrers auf den einzelnen Studierenden, die ganz zu verflachen drohte, hat damit eine Wiederbelebung erfahren. Diese Lehrweise hat auch in den Geisteswissenschaften Eingang gefunden; der Unterricht in Seminarien ist heutzutage integrierender Bestandteil der akademischen Schulung, die sich nicht mehr allein auf den Kathedervortrag aufbaut, geworden.

Die oft beklagte Isolierung der akademischen Lehrer gegenüber dem allgemeinen Bildungsbedürfnis der großen Masse ist gefallen, seitdem die „University extension“ sich bemüht, das Wissen in geeigneter Form auch nicht akademischen Kreisen nutzbar zu machen.

So ist im Laufe der Jahrzehnte, ganz abgesehen von den mit der numerischen Steigerung der Studentenzahl verbundenen Leistungen, bei sehr vielen Gelehrten die Unterrichtsbelastung sehr gewachsen. Die Ansprüche an einzelne werden gerade in Berlin vielfach noch durch andere mit dem Amte verbundene Verwaltungsgeschäfte, gutachtliche Tätigkeit und weitere zahlreiche Aufgaben so vermehrt, daß damit gewissermaßen indirekt die Axt an ein Fundament unserer Universität gelegt wird, an die Forschertätigkeit. Diesem Übelstand kann dadurch nicht begegnet werden, daß dem Forscher ja die Möglichkeit bleibt, in den Arbeiten seiner Schüler die eigenen Gedanken reifen zu sehen.

Zweifellos zwingt das Übermaß von Lehrtätigkeit und anderer mit dem heutigen akademischen Berufe verknüpfter Ansprüche an Zeit und Arbeitskraft viele leistungsfähige Köpfe zu einem mehr oder minder vollkommenen Verzicht auf die experimentelle oder sonstige wissenschaftliche Arbeit und auf die Möglichkeit, aussichtsreiche Probleme zu fördern und zu lösen.

Es erklärt sich daraus, daß mitunter mit einer Berufung an eine große Universität mancher Gelehrte, auf den man in der Wissenschaft große Hoffnungen gesetzt hat, ganz versagt.

Diesem Übelstand abzuhelfen, wird eine dringende Aufgabe der Zukunft sein; die Möglichkeiten sollen hier nicht weiter erörtert werden. Nur eines ist klar: es kann nicht in der Weise geschehen, daß man für die Universitätsstellungen auf die Berufung von Forschern verzichtet und das Schwergewicht auf das Lehrtalent und Neigung zum Lehrberuf legt.

Die Ausdehnung der Lehrgegenstände an den Universitäten im allgemeinen und in Berlin im besonderen ist auf der Basis der natürlichen Entwickelung der Wissenschaften durch innere Gliederung und Differenzierung gerade seit Mitte des 19. Jahrhunderts in enormem Maße fortgeschritten.

Es ist nicht möglich, mit kurzen Worten anzudeuten, welche Vermehrung des Lehrstoffes auch nur durch die Entwickelung der Naturwissenschaften der philosophischen und medizinischen Fakultät zugeführt worden ist. In den Geisteswissenschaften hat das Verlassen der mehr philosophierenden Richtung zu einer intensiveren und produktiveren Einzelarbeit geführt, und den Grund zur Mehrung des Wissens und zum Entstehen neuer Zweige des Wissens gelegt; die Theologie, die Jurisprudenz, die Geschichtsforschung, die Philologie, die Staatswissenschaften usw. haben eine mächtige Entwickelung genommen. Besondere Schwierigkeiten hatten die naturwissenschaftlichen und medizinischen Disziplinen zu überwinden, da man anfänglich von seiten des Staates gegen die Einrichtung von Laboratorien und Kliniken finanzielle Bedenken geltend machte. Die innere Notwendigkeit blieb aber auch hier, gewiß nicht zum Schaden des Staates, Siegerin, und sicher hat niemals ein aufgewendetes Kapital bessere Zinsen für die Allgemeinheit getragen, als dieses Opfer für die Pflege der Wissenschaft.

Die Wissenschaft steht in innigem Zusammenhang mit der zeitgenössischen Kultur, die sie befruchtet, von der sie aber auch zahllose Impulse für die eigene Forschung zurück empfängt; die Universität im besonderen hat durch ihre engere Aufgabe des beruflichen Unterrichts alle sozialen Änderungen besonders zu beachten.

Verkehr, Industrie und Handel haben, gegründet auf den naturwissenschaftlichen Fortschritt, zu zahllosen neuen Berufsgliederungen geführt, für welche die Universitäten entweder besondere Lehrgelegenheiten zu schaffen oder wenigstens die allgemeine wissenschaftliche Vorbildung zu vermitteln hatten, während die fachmännisch-technische Belehrung auf Fachschulen und Akademien erfolgte oder selbst dem freien Studium überlassen blieb.

Fachschulen und Akademien bestanden schon frühzeitig, 1794 die École polytechnique zu Paris, 1799 wurde die Bauakademie zu Berlin, 1821 das technische Institut geschaffen, das sich 1827 zum Gewerbeinstitut, 1866 zur Gewerbeakademie und 1879 zur technischen Hochschule entwickelte. Die Gründung von Polytechniken fällt in die Jahre 1825 bis 1850, das erste Polytechnikum nach Muster einer Hochschule wurde 1856 in Zürich eingerichtet. So wurden die Fachschulen durch starke Betonung der wissenschaftlichen Seite der Forschung zu Hochschulen, welche die Universitäten zum Teil entlasteten, ohne aber ihren Aufschwung im mindesten nachteilig zu beeinflussen.

Von geringerer Bedeutung für die Entlastung der Universitäten war die spätere Erhebung des landwirtschaftlichen Instituts, der bergmännischen und tierärztlichen Schulen zu Hochschulen, da deren Studierende teils gering an Zahl oder wegen ihrer anderweitigen Vorbildung für die Universitäten nur wenig in Betracht gekommen waren oder nur vorübergehend an den für andere Zwecke nötigen Kollegien teilgenommen hatten. Der Zukunft wird ganz gewiß noch manche Neubegründung von Hochschulen vorbehalten sein, haben wir doch erst vor wenigen Jahren in den Handelshochschulen den akademischen Unterricht für unsre Kaufmannschaft lebendig werden sehen. Jede dieser Gliederungen begrüßen wir mit Freude. Sie alle sind in den Grundzielen, der Hebung der Wissenschaft, mit uns innig verwandt.

Neben der inneren naturgemäßen Differenzierung der Lehrfächer will aber das Drängen zu weiterer Neubegründung von Disziplinen an den Universitäten kein Ende nehmen, ja jedes Jahr bringt neue Vorschläge. Unser ganzes Leben ist mehr und mehr wissenschaftlich durchforscht worden. Die ungeheure Produktion deutscher Literatur, die jene aller anderen Nationen weit hinter sich läßt, ist Zeugnis von der emsigen

Tätigkeit auf allen Gebieten. Kaum ein Feld menschlichen Wirkens wird aufzufinden sein, dem nicht eine eigene Literatur zur Verfügung stände. Die Bibliotheken vermögen die Überproduktion nicht mehr zu fassen. Als die Universität Heidelberg begründet wurde, 1421, betrug ihr literarischer Reichtum 152 Bände; Prag besaß bei seiner Begründung 114 Bücher für 1200 Taler, und heute ist die Beschaffung und Unterbringung der Bücher fast zur Kalamität geworden. Schier uferlos ergießt sich die literarische Überschwemmung; ja, die populäre Literatur trägt oft Ergebnisse, die in der Wissenschaft noch kein Erbrecht besitzen, in die weitesten Kreise. Dieser Bildungstrieb des deutschen Volkes ist gewiß nicht zu unterschätzen und hat sicher Anteil an dem allseitigen Aufschwung unsrer Nation, führt aber auch zu einer oft genug rein äußerlichen Nivellierung der geistigen Unterschiede der einzelnen Volksschichten.

Man verlangt aus dieser Bewegung heraus, daß die verschiedenartigsten Dinge, die da und dort in der Literatur eine zusammenfassende Behandlung gefunden haben oder dem Wissensbedürfnis eines kleinen Kreises entsprechen, auch im Rahmen der Universität eine Vertretung finden sollen.

Aus der Hebung der allgemeinen Bildung erklärt sich auch der größere Zudrang von Studierenden zu den Mittelschulen und zu den akademischen Berufen. Zwar bedingt der wachsende Staat und die Differenzierung der Berufe auch ein gewisses Mehr akademisch gebildeter Persönlichkeiten; aber der Zustrom ist seit langem bedeutend größer als der Bedarf, schon lange eine Sorge einsichtiger Elemente, weil dadurch viele für andere Aufgaben brauchbare Kräfte im Staate unzweckmäßig verwendet werden. Bei manchen Berufen, die früher ohne akademische Studien erreichbar waren, hat man, oft mehr dem Standesinteresse als der Notwendigkeit folgend, die Universitätsbildung verlangt.

Als völlig neues Element sind zu Ende des 19. Jahrhunderts die Frauen in die Schar der Kommilitonen eingetreten. Die Frauenbewegung verlangt Gleichberechtigung der Frauen mit den Männern auf den verschiedensten Gebieten, mehr Freiheit in der Wahl des Lebensberufes, vor allem den unbeschränkten Eintritt in die akademischen Berufe. Das stürmische Drängen macht in erfreulicher Weise ruhigeren Bahnen Platz; das erstrebte schrankenlose Besitzrecht wird von selbst aus inneren Gründen die gesunde Beschränkung finden und denen Recht geben, die in der physischen Natur des Weibes, nicht in der Begabung, ein natürliches Hindernis für den unbegrenzten Wettbewerb mit dem Manne begründet sehen. Die vorurteilsfreie Beobachtung dieser modernen Bewegung sollte unser Auge aber auf die dringend notwendigen Bedürfnisse der Frauenbildung überhaupt richten; nicht in der Erreichung einer Mittelschulbildung, die man in neuer Zeit anstrebt, liegt die richtige Entwickelung für die Zukunft. Man hat leider den heranwachsenden Mädchen kaum Mittel geboten, sich auf den hohen Beruf der Hausfrau und Mutter in einer ihrem Bildungsvermögen entsprechenden Weise vorzubereiten. Hier muß Abhilfe einsetzen. Was der Frau für ihre Vorbildung geboten werden kann, ist so viel und gibt, richtig behandelt, dem Geiste so herrliche Anregung, daß für jedes Ingenium ein Feld der Befriedigung zu finden ist. Hebt die Frau in ihrem Beruf als Weib auf höhere Stufe, dann wird sie auch in diesem ihr geistiges Genügen finden! Wo aber mehr ausnahmsweise ein anderes Berufsbedürfnis in der Frau sich regt, liegt kein Grund vor, ihr in den Weg zu treten.

Alle sind uns willkommen, die mit geeigneter Vorbildung die Tore der Universität durchschreiten wollen; wenn aber in neuerer Zeit das Bestreben sich geltend macht, uns auch Elemente zuzuführen, bei denen diese Voraussetzung nicht gegeben ist, so wollen wir im Interesse des Lehrens mit allen

Mitteln gegen diese Herabsetzung des geistigen Militärmaßes Protest erheben.

Überblicken wir die schier unendliche Fülle von Vorlesungen, Kursen und sonstigen Unterrichtsgelegenheiten, so kann man sich kaum des Gedankens erwehren, als sei man in der Differenzierung der Fächer und der Zergliederung des Lehrstoffes sehr weit, fast zu weit gegangen, und eine rückläufige Bewegung zu größerer Konzentration daher erwünscht und zeitgemäß.

Es ist gewiß, daß die Zersplitterung der Materie in kleine und kleinste Nebenfächer an sich dem Geiste der Universität widerspricht. Das Zusammenfassen der Tatsachen zu Gedanken ist ihr Ziel; wie soll das aber möglich sein, wenn nur ein kleines Stück Wissens als Lehraufgabe dient? Die Menschen wachsen mit ihrer Aufgabe; je kleiner diese, um so mehr wird die Klage über ungenügenden Nachwuchs an Talenten berechtigt sein.

Als Lehrfach werde nur aufgenommen, was eines solchen würdig ist. Die Materie muß umfangreich und einer wissenschaftlichen Behandlung, die den allgemeinen Zielen der Universität entspricht, fähig sein. Unterrichtsgegenstände, die den Kreisen der Universität fremd sind, sterben zwar allmählich von selbst ab, aber doch nur langsam; besser ist es, wenn solch kränkliche Kinder überhaupt nicht zur Welt kommen, und laue Konnivenz gegen diese zeitgenössischen Bestrebungen vermieden wird. Es ist zu wünschen, daß diese Hoffnung der Universität auf Konzentration allseitigen Beifall finde, besonders im Interesse der Universität Berlin, da sie in erster Linie Neukrëierungen besonders ausgesetzt zu sein scheint.

Neben diesem Kampf gegen die innere Zersplitterung und Angliederung geistesfremder Elemente könnte aber auch eine innigere Berührung zwischen den einzelnen Fakultäten der allgemeinen Ausbildung und dem Zusammengehörigkeitsgefühl der Studierenden nur förderlich sein. Es wäre in hohem Maße dankenswert, wenn in größerem Umfange, als es schon geschieht, Kollegen, deren Gebiet sich dazu eignet, Publika lesen würden, welche, dem allgemeinen Hörerkreis angepaßt, die großen Probleme ihrer Wissenschaft behandeln, um auf diese Weise den Gedanken der University extension gewissermaßen für die gegenseitigen inneren Beziehungen unsrer Alma mater fruchtbar zu machen. Die Anforderungen an die Berufsbildung der Studierenden sind ja allerdings große, aber nicht groß genug, um ein solches Unternehmen von Anfang an als aussichtslos erscheinen zu lassen.

Auch eine Entlastung der Universität ist möglich, da einerseits zu hoffen steht, daß die Besserung der biologischen und naturwissenschaftlichen Vorbildung auf den Mittelschulen späterhin den propädeutischen Unterricht, der in den Naturwissenschaften und Medizin jetzt noch nötig ist, vermindert, und andrerseits manche Aufgabe, die wenig in den Rahmen des Universitätsstudiums paßt, ganz wohl einem späteren Fortbildungsunterricht überlassen werden kann, wie er z. B. für die Medizin durch die neugegründeten Akademien zur Durchführung gebracht worden ist.

Unsre hohe Aufgabe zu erhalten ist um so mehr die Pflicht, als auch heute noch die Universität die Hauptmenge der akademisch gebildeten Berufe zu ihren Hörern zählt.

Zum Fortschritt der Wissenschaft ist die Pflege aller aus der natürlichen Entwickelung derselben herauswachsenden Teile nötig. Sind die Universitäten trotz der weitgehenden Differenzierung der Lehrfächer imstande, die Wissenszweige in ihrem ganzen Umfange und in einer den Anforderungen entsprechenden Weise zu pflegen? Ein solcher weit ausgreifender Plan war in der ersten Zeit des vergangenen Jahrhunderts leicht zu erfüllen, späterhin waren die Ziele immer schwieriger zu erreichen;

ja, seitdem man sich für die Neubegründung von Professuren und Instituten hauptsächlich vom Lehrbedürfnis leiten ließ, ist die Vollständigkeit der Forschung allmählich in die Brüche gegangen. Und doch ist die Pflege der Wissenschaft in ihrer Gesamtheit nicht nur eine ideale Aufgabe, sondern der Lebensnerv ihrer Fortentwickelung überhaupt. In einem gesunden Organismus müssen eben alle Teile zueinander in richtigem Verhältnis stehen. Von Jahrzehnt zu Jahrzehnt hat sich dies Bedürfnis nach lückenloser innerer Ausgestaltung mit wachsender Macht geltend gemacht, ohne daß die Erreichung des Zieles in faßbare Nähe gerückt erschien.

Da ist nun an unserem Jubiläumstage aus kaiserlichem Munde eine frohe Verheißung gekommen. Mit weitausschauendem Blick und im Geiste seines Ahnherrn, der unsre Universität gegründet, hat S. M. der Kaiser die frohe Botschaft verkündigt, daß er der Wissenschaft geben werde, was ihr frommt, daß in Zukunft, auch abgesehen von den durch das Lehrbedürfnis geforderten Attributen, besondere Forschungsinstitute entstehen werden. Den alten Formen unsrer heutigen Organisation soll ein neues Reis in harmonischer Verbindung eingefügt werden, dessen Wachstum berufen ist, dem wissenschaftlichen Leben einen neuen Aufschwung zu geben, dessen Früchte aber dereinst den Dank bilden sollen, den wir dem hochherzigen kaiserlichen Stifter abzustatten haben.

Als die Gründung der Universität Berlin erwogen wurde, hatte man gewisse Bedenken, in einer Großstadt eine Unterrichtsstätte zu errichten, und doch zählte das damalige Berlin noch nicht einmal 200000 Einwohner. Heutzutage, wo sogar viele unserer Universitäten in weit volkreicheren Großstädten, als das alte Berlin es war, liegen, mutet uns dies Bedenken eigenartig an. Gewiß, die Poesie des Studentenlebens ist in Großstädten nicht geboren worden, und der Student als solcher besitzt bei weitem nicht die bevorzugte Stellung wie an kleinen Orten, wo sich alle Stadtinteressen um das Gedeihen der Studentenschaft drehen. Die Großstadt an sich bringt auch sonst manche Nachteile; auch wir haben offenkundig darunter zu leiden. Wir sehen, wie unendlich schwer für unsere großen Bedürfnisse an Unterrichtsgebäuden die Platzfrage zu lösen ist, wie die Geschlossenheit der Räume selbst für die Geisteswissenschaften aufgegeben ist, da Hörsäle und Seminarien an den verschiedensten Orten der Stadt zerstreut liegen. Dadurch entfällt mancher Vorteil, der in den Kleinstädten besteht; der Verkehr zwischen den einzelnen Fakultäten, der dort so anregend wirkt, beschränkt sich auf ein Mindestmaß; selbst unter den naturwissenschaftlichen und medizinischen Instituten ist er so gut wie aufgehoben. Die Arbeitsfülle läßt auch kaum Zeit mit Andern in engeren Verkehr zu treten; das Band der Universitas wird allzu locker.

Vor allem durch den sich hebenden Wohlstand ist seit den siebziger Jahren des vorigen Jahrhunderts die Zuhörerzahl in rasch wachsender Zunahme; es wird immer schwieriger sein, geeignete Plätze zur Ausdehnung der Auditorien zu finden. Man begreift, daß man vor einem Jahrzehnt an eine Auswanderung der ganzen Universität nach einem Platze dachte, der für ein Jahrhundert und mehr genügend Raum geboten hätte.

Trotz ihrer beschränkten Raumverhältnisse pflegt die Universität eine außerordentlich große Anzahl von Hörern bei sich als Gast zu sehen; betragen doch die zu Vorlesungen Zugelassenen in den letzten Jahren oft mehr als die Hälfte der Immatrikulierten: eine Eigentümlichkeit von Berlin, die sonst keine der in den Großstädten gelegenen Universitäten aufzuweisen hat. Auch in internationaler Beziehung, für das Studium der Ausländer, nimmt Berlin eine hervorragende Stellung ein, die wir nicht gerne missen werden.

Die Großstadt bietet dem Studenten durch die vielseitigen Anregungen, die er empfangen kann, nach manchen Richtungen auch wieder mehr als die kleinen, stillen, romantischen Orte. Viele, die aus kleinen Orten kommen, fühlen hier zuerst den Pulsschlag städtischen Lebens; sie werden mit technischen Einrichtungen bekannt, die ihnen fremd geblieben, finden in Kunst und Musik Anregung und Befriedigung. Die Unterrichtsmittel sind mannigfaltiger, als sie eine kleine Universität zu bieten vermag.

Die Großstadtnatur unserer Universität gebietet uns aber auch, an die gesundheitlichen Verhältnisse unserer Studierenden zu denken; nicht die allgemeine Morbidität oder Mortalität meine ich damit, denn in dieser Hinsicht ist es heute in den Großstädten oft besser bestellt als auf dem Lande. Es ist aber auffallend, daß sich allenthalben im Staate das lebhafteste Interesse für die Wohnungsfürsorge geltend gemacht, daß man Mittel und Wege findet, allmählich den Bedürfnissen aller möglichen Berufsklassen in dieser Hinsicht gerecht zu werden, daß man aber bis vor wenigen Jahren kaum die Frage gestreift hat, wie denn in den Großstädten für die Unterkunft des Studenten gesorgt ist, ob nicht Übelstände bestehen, die auch eine Rückwirkung auf seine Gesundheit und das Wohlergehen in körperlicher und sittlicher Hinsicht ausüben müssen. Ich habe die Überzeugung, daß dieser Gesichtspunkt in Zukunft der ernstesten Beachtung wert ist; der Studierende wird uns zwar nur zu seiner geistigen Ausbildung anvertraut, aber wir haben doch auch ein Recht, wenn nicht die Pflicht, einen Blick hinein zu tun in sein sonstiges Leben. Die Unterkunft der Studierenden in Berlin steht in keiner Weise hinter den Verhältnissen anderer Großstädte zurück; es ist aber wohl bekannt, daß in letzteren es überhaupt für die mit Glücksgütern nicht Gesegneten kaum möglich wird, ein behagliches Heim zu finden. Unter vielen Tausenden guter Quartiere finden wir eine nicht geringe Anzahl billiger Studentenstuben, die, in engen, oft lichtarmen Höfen mit staubiger, rußiger Luft, in lärmender Umgebung gelegen, was Mobiliar, Waschgelegenheit, Pflege der Ordnung und Reinlichkeit anlangt, mit den bescheidensten Anforderungen des Komforts und hygienischer Fürsorge nicht in Einklang zu bringen sind. Die gesellschaftliche und sittliche Umgebung ist mitunter derart, daß manche Studenten an Geist und Körper verdorben in ihre Heimat wandern.

Die Lage der Wohnung erlaubt es dem Minderbemittelten selten, ins Freie zu kommen; das schlechte

Heim drängt ihn nach den Kneipen und Vergnügungslokalen zweifelhafter Art.

Schon vor Jahren wurde auf diese Mißstände hingewiesen, und Mittel zur Abhilfe wurden empfohlen, die auch von einem engeren Kreise von Kommilitonen mit erwogen worden sind. Diese Abhilfe dachten wir uns nicht etwa aus Staats- noch sonstigen öffentlichen Mitteln fließend, sondern nach Art einer humanitären Stiftung, wie solche die Universität in ihren Stipendienfonds schon viele besitzt. So gut sich Wohltäter fanden, die dem Studierenden die Lebensexistenz durch Geldzuwendung erleichtern helfen, dürfen wir schon heute das sichere Vertrauen hegen, daß auch für die Lösung der Wohnungsfrage die nötigen Mittel gewonnen werden können, seitdem die mit dem Jubiläumstage ins Leben getretene Vereinigung der Freunde der Universität dies Ziel unter ihre Obhut genommen hat.

Wieviel Segen wird nicht durch Gründung einer Studentenkolonie innerhalb der Stadt oder besser außerhalb der Stadt mit günstiger Verkehrsgelegenheit gestiftet werden, in der die Studenten einfache, reinliche, gut gepflegte Stuben finden, und wo sie des Abends nach Bedarf auch ihre meist frugale Mahlzeit einnehmen können. Als Wohnplatz denken wir uns ein Stück Land, das auch Raum für sportliche Übungen, um jene Pflege des Körpers zu ermöglichen, die für die Gesundheit des Geistes förderlich ist, bietet. Die Studentenwohnungen sollen nicht gratis vergeben werden — einzelne Wohnungsstipendien für Unbemittelte zu stiften, mag vorbehalten sein —, sondern gegen billiges Entgelt. Man sollte im kleinen beginnen und nach Bedarf die Vergrößerung späterhin anstreben; am gesunden Sinn unserer Studentenschaft wird die Sache sicher nicht scheitern. Hoffen wir, daß der Gedanke sehr bald sich verwirklichen läßt. —

Es erregt bei manchen Fremden Staunen, daß wir in unserem, an Vorschriften aller Art nicht armen Vaterlande den Studierenden so ohne alle beengenden Gesetze lassen. Und doch hat sich nichts so gut eingebürgert wie diese studentische Freiheit. Was man von Liederlichkeit, Gewalttätigkeit, Schwelgerei der Studenten im Mittelalter berichtet, was man von der Roheit sagt, mit der im 18. Jahrhundert der Pennal tyrannisiert wurde, sind Bilder aus Zeiten, wo auch die sonstige Kultur auf keiner viel höheren Stufe stand als die der Studenten selbst. Das Studentenwesen ist der Zeit angepaßt, in der er lebt und webt; der Student von heute ist auch ein anderer als ehedem. Die Zeiten sind dahin, wo die Bewertung des Studenten nach seiner Leistung im Trinken beurteilt wurde; der Jugendgeist und Übermut ist deshalb nicht ausgestorben. Kein äußerer Zwang soll sie je verkümmern, kein Gängelband sie hemmen. Nur treibender Most wird guter Wein. Die Individualität soll sich entfalten, das Herz öffnen, um jene Freundschaften zu schließen, die uns wert sind bis ins höchste Alter. Jeder will und muß eigne Erfahrung sammeln. Eingetrichterte Lebensweisheit allein kann keine Männer schaffen; aber eigne Erfahrung und goldner Rat zusammen geben das richtige Fundament fürs Leben.

Die Jugend hat nicht viel Gehör für die Gesundheitspflege; man kann ja in dieser glücklichen Zeit sehr viel vertragen, ohne zusammenzubrechen; aber etwas von der Erkenntnis, daß das Losstürmen auf den Körper sich später rächt, macht sich doch schon in weiten Kreisen geltend: Vor allem ist der Sinn für Körperpflege wach geworden, und die akademische Jugend zeigt, daß sie die Zeichen der Zeit versteht. Körperübungen der verschiedensten Art gehören allmählich zum guten Ton, und sie werden sich in wenigen Jahren auf noch viel weitere Kreise ausdehnen. Es ist an uns, besonders in der Großstadt, dieses Streben nach Gesundheit in jeder Weise zu unterstützen; in diesem Punkte, glaube ich, hätte der Staat die Pflicht, einzugreifen und ausreichend Gelegenheit zu bieten für die Körperpflege der Studenten.

So gut wir an den Mittelschulen die Einrichtungen für Körperpflege treffen, müßte es auch an den Hochschulen ausreichend geschehen, um so mehr, als wir daraus den besten Nutzen für das Studium zu ziehen vermögen. Es gibt nichts, was neben der geistigen Tätigkeit so sehr in sittlicher Hinsicht vorteilhaft einwirkt, als die verständige Pflege des Turnens und Sportes.

Und nun, meine Herren Kommilitonen, wende ich mich zum Schlusse noch an Sie persönlich.

Sie besitzen das Privilegium der akademischen Freiheit, auch ein besonderes Eigentum der deutschen Studenten; es bedeutet ja nicht, daß man, aller Fesseln ledig, des Müßiggangs sich befleißigen solle. Die Pflicht zur Arbeit haben wir alle, und Arbeit ist die menschlichste aller menschlichen Eigenschaften.

Wir müssen alle lernen; wir bringen auf die Welt nichts anderes mit als unser Instrument zur geistigen Arbeit, ein unbeschriebenes Blatt, das Gehirn, verschieden veranlagt, verschieden entwickelungsfähig; wir empfangen alles aus der Außenwelt.

Das Kind des bedeutendsten Mathematikers muß wieder mit dem Einmaleins beginnen; das Kind des Sprachbegabtesten lernt mühsam seine Muttersprache. Im Kind ist alles vergessen, was das Gehirn seiner Eltern auch noch so Hervorragendes geleistet haben mag. Fern von unsrer Kultur erzogen, würde es sich nicht anders verhalten als die Umgebung, in der es aufwächst. Kein Gehirn möchte auch das alles zu fassen, was seine Vorfahren insgesamt erlebt und erfahren haben; was milliarden Gehirne im Laufe der menschlichen Geschichte erwogen und gereift, was unsere Geistesheroen mitgeschaffen haben, empfängt es in kurzen Sätzen durch die Erziehung, und daraus kann nun seine Eigenart und sein individuelles Leben sich entfalten. Unser Geist entwickelt sich aus dem, was durch die Sinne in ihn einzieht, auf der Basis der verschiedenen Anlagen; diese Entwickelung hat stets eine individuelle Färbung, weil sie, abgesehen von den Anlagen, auch von den körperlichen Zuständen von Anfang an mitbeeinflußt wird.

Es würde uns vielleicht gar nichts nützen, wenn wir das gesamte Wissen unserer Vorfahren erben könnten, weil vieles davon für unsere somatischen Verhältnisse gar nicht paßte. Jeder Eigenart des Körpers entsprechen der physiologischen Konstitution gemäß besondere Empfindungen, und jeder muß für sich erfahren, was dem Körper frommt, und was ihm nicht gut tut.

Die Neigung zum Forschen hat schon das Kind; es zerlegt die Gegenstände, versucht, sie wieder zu ordnen, und dieser Zug muß in der Schule schon in die richtigen Bahnen gelenkt werden. Die Wißbegierde drängt später zum Erfassen der Vorgänge und Erscheinungen, im reifen Geiste zur Erkenntnis der Ursachen und zum Verständnis der kausalen Verhältnisse.

Das jugendliche Gehirn ist empfänglich für neue Eindrücke, und diese haften am festesten; es ist schwer, dasjenige, was wir falsch gelehrt wurden, später zu korrigieren.

Das Erlernte gibt das Grundmaterial für das produktive Denken. Das Grundmaterial soll tunlichst reichhaltig sein; je besser es nach seinem kausalen Zusammenhang, d. h. logisch von Anfang an, beim Lehren in unserem Gehirn verankert wird, um so tauglicher wird es auch für die künftige Verwertung. Wie die Gedanken zuerst entwickelt wurden, so bleiben sie untereinander sich nahe und für den Gebrauch bereit; nicht nur, daß man lernt, sondern auch, wie man Wissen sammelt, ist von Bedeutung. Daher ist ein geordnetes, systematisches, lückenloses Studium eines Gebietes von größter Wichtigkeit für die Leichtigkeit seiner Beherrschung. Zum Erlernen eines neuen Gebietes gehört eine mehr oder minder große Anzahl neuer Eindrücke, die als Grundlage festgehalten werden müssen. Man sagt daher, aller Anfang sei schwer; aber es hat stets etwas Erfrischendes, auf einem neuen, bisher unbeackerten Felde des Gehirnes zu arbeiten.

Das Denken stärkt das Gehirn, letzteres nimmt durch Übung ebenso in den Leistungen zu wie ein anderes Organ, wie unsere Muskelkraft durch Arbeit und Sport. Studieren ist Gehirnsport. Die Arbeit wirkt zwar ermüdend; aber wer den Ermüdungsschmerz nicht kennt, für den gibt es in der Natur keine Stärkung der Organe, auch keine des Gehirnes. Je weniger intensiv man zu denken gelernt hat, um so schneller springt der Geist vom Thema ab. Nur Übung bringt uns die nötige Sammlung. Denken lernen ist Mühe und Plage im Beginn, führt aber mit der Stählung unsres Willens zum Erfolge und zur Selbstbeherrschung.

Nicht auf allen Gebieten zeigen sich die Gehirne von gleicher Leistungsfähigkeit; die Anlagen sind verschieden. Es ist aber unrichtig, bei jeder Schwierigkeit, die sich uns entgegenstellt, zu verzagen; denn manche Felder des Gehirns werden erst erträgnisreich, wenn man sie wiederholt beackert, tragen aber schließlich dieselben gute Früchte wie andere, die müheloser sich erschließen. Man soll sich nie nur in dem versuchen, was leicht gelingt, sondern gerade in dem überwinden, was zuerst schwierig erscheint, um Selbstvertrauen zu gewinnen. Man ist so sehr geneigt, die Unlust an einem Fache mit dem Worte, daß die „Anlage" fehle, zu entschuldigen, wo es nur an dem festen Entschluß zur Arbeit mangelt.

Das Leben fließt nicht immer gleichmäßig dahin; es gibt Zeiten der Freude und Lebenslust, Zeiten der Sorge und des Kummers; diese Stimmungen üben auf die Leistungsfähigkeit des Gehirns in produktivem Sinne den allergrößten Einfluß. Was in gehobener Stimmung leicht ist, kann in gedrückter Stimmung fast unmöglich werden. Wie letztere wirkt die Müdigkeit nach halb durchwachten Nächten, die Abgeschlagenheit nach Alkoholmißbrauch. Vernünftige Lebenshaltung gehört also auch zum erfolgreichen Studium. Die geistige Übung und Erziehung kann und muß einen guten Teil der depressorischen Stimmungen überwinden, sie soll uns den Widerwärtigkeiten des Lebens gegenüber Gleichmut und Tröstung bringen.

Die Geistesarbeit stärkt den Willen; und dieser ist das Unterpfand des Charakters. Überwinde dich selbst, und du hast die Welt überwunden. „Wer mit seinem Sinn auf geistige Güter gerichtet ist," sagt Zeller, „wer das Glück eines ernsten geistigen Strebens mehr als oberflächlich gekostet hat, dem kann es nicht wohl sein im Niedrigen und Gemeinen, der muß ja sich selbst zu hoch halten, um sich mit solchem zu beflecken, dessen er sich vor seinem eigenen besseren Gefühle schämen würde."

Das akademische Studium erstrebt die Vorbereitung für einen Beruf im Leben, weil wir nutzbringende Glieder der menschlichen Gesellschaft werden sollen; glücklich, wer nach freier Wahl sein Ziel sich stecken kann und darf. Soweit im Staate oder anderwärts akademisch gebildete Kräfte verlangt werden, stellt man an die Bewerber ein bestimmtes Maß von Anforderungen, die erfüllt werden müssen. Auch die Pläne solcher Minimalbegrenzungen werden immer so viel von echt akademischem Geist enthalten, daß selbst dabei die sittliche Hebung des Studierenden außer Frage steht.

Trotz alledem möchten wir aber doch wünschen, daß auf der Universität nicht einseitig ein Fachstudium betrieben werde.

Willst du dein Brotfach recht verstehen,
Mußt auch in Nebenfächer sehen;
Wer nicht mehr lernte, als er mußt,
Hat, was er mußte, nie gewußt.

Dieser Spruch gilt für alle Fakultäten; es sollten die Geisteswissenschaften bei der Naturwissenschaft und Medizin und die letzteren bei der Geisteswissenschaft Gäste sein. Gerade die heutige Entwickelung der Wissenschaften ist geeignet, den Plan einer gegenseitigen Befruchtung der Fakultäten untereinander als notwendig erscheinen zu lassen. Jeder sollte aus der Universitätszeit noch die stille Oase einer Lieblingsbeschäftigung in sein Philisterium hinüberretten, wo er sich ergehen und erfrischen kann, wenn er von der Arbeit des Berufes gesättigt und ermüdet nach Hause kommt.

Nützen Sie also, meine Herren Kommilitonen, die akademische Lernfreiheit in dem Sinne, daß Sie möglichst viel für Ihre Ausbildung gewinnen. Das Leben ist kurz, die Wissenschaft lang, die Gelegenheit flüchtig. Tragen auch Sie dazu bei, daß aus Ihren Reihen wieder Männer hervorgehen, die zum Glanze der Wissenschaft und zum Ruhme unsrer Universität beitragen.

Der Stifter der Universität hat den großen Gedanken erkannt, daß Wissenschaft Macht und daß diese Macht ein Unterpfand der Kraft unserer Nation bedeutet. Die deutschen Universitäten, und die Berliner im besondern, sind die Stätten echt nationalen Empfindens gewesen, und dies Gelöbnis, daß es auch in Zukunft so sein werde, wollen wir heute unserm Schirmherrn, S. M. Kaiser und König Wilhelm II., erneut zu Füßen legen. Wir kennen die schlichten Tafeln in unsrer alten Aula, die Zeugnis ablegen für die Zeiten, wo Lehrer und Schüler hinausgezogen sind, um mit ihrem Herzblut nationale Güter zu schützen und das Vaterland zu schirmen, und kämen die Zeiten wieder, sie würden kein kleines Geschlecht finden. Wir leben heute dank der Fürsorge unsres Kaisers im Frieden mit aller Welt und dürfen uns ungestört dem Friedenswerke der Wissenschaft widmen; wir wollen es mit allen Kräften tun.

Frisch und mutig dem neuen Jahrhundert entgegen! Es lebe, blühe und gedeihe unsre Alma mater!

Metzger & Wittig, Leipzig.

www.ingramcontent.com/pod-product-compliance
Lightning Source LLC
LaVergne TN
LVHW091733021026
849161LV00003BB/602